MathStart®
洛克数学启蒙 4

猫咪登月
猫咪趣闻
在古埃及，
有些猫死后会被做成木乃伊，
甚至还和老鼠的木乃伊
埋在一起。

呜——!

献给刚满1岁的杰克。

——斯图尔特·J. 墨菲

著作权合同登记号：图字 13-2023-038号

图书在版编目（CIP）数据

洛克数学启蒙. 4. 小胡椒大事记 / (美) 斯图尔特·J.墨菲文；(美) 玛莎·温伯恩图；吕竞男译. -- 福州：福建少年儿童出版社，2023.9
ISBN 978-7-5395-8243-6

Ⅰ. ①洛… Ⅱ. ①斯… ②玛… ③吕… Ⅲ. ①数学 - 儿童读物 Ⅳ. ①O1-49

中国国家版本馆CIP数据核字(2023)第074395号

LUOKE SHUXUE QIMENG 4 · XIAOHUJIAO DA SHIJI
洛克数学启蒙4 · 小胡椒大事记

著　　者：[美] 斯图尔特 · J. 墨菲　文　[美] 玛莎 · 温伯恩　图　吕竞男　译
出 版 人：陈远　出版发行：福建少年儿童出版社　http://www.fjcp.com　e-mail:fcph@fjcp.com　社址：福州市东水路 76 号 17 层（邮编：350001）
选题策划：洛克博克　责任编辑：邓涛　助理编辑：陈若芸　特约编辑：刘丹亭　美术设计：翠翠　电话：010-53606116（发行部）　印刷：北京利丰雅高长城印刷有限公司
开　　本：889 毫米 × 1092 毫米　1/16　印张：2.5　版次：2023 年 9 月第 1 版　印次：2023 年 9 月第 1 次印刷　ISBN 978-7-5395-8243-6　定价：24.80 元

猫薄荷

MathStart
洛克数学启蒙④

小胡椒大事记

[美]斯图尔特·J. 墨菲　文　　[美]玛莎·温伯恩　图　　吕竞男　译

海峡出版发行集团 | 福建少年儿童出版社
THE STRAITS PUBLISHING & DISTRIBUTING GROUP | FUJIAN CHILDREN'S PUBLISHING HOUSE

“我们家要有一只小猫咪啦！”乔伊说道，“奶奶说，雪儿生下小猫后，我们可以去挑一只最喜欢的带回来养。”

“妈妈给了我一本日记本，用来记录小猫咪第一年的生活。我都等不及了，真想现在就开始写！”丽莎说，“我们的小猫什么时候才能出生啊？”

3月6日

3月6日是我最喜欢的日子！今天早上，雪儿生下了3只无比可爱的小猫。

我去图书馆查阅了所有关于小猫的书。从书里我了解到，刚出生的小猫既听不见也看不到。出生7到10天后，它们才会睁开眼睛，打开耳朵。奶奶告诉我，那超级柔软的皮毛并不能让它们觉得足够暖和，所以小猫们全都紧紧地依偎着雪儿。

有一本书讲到：小猫从一个装满水的泡泡里诞生。真是奇怪！猫妈妈会舔破水袋，这样小猫就能呼吸了。

3月的猫很温柔，喜欢发呆，对水非常着迷。

3月

星期日	星期一	星期二	星期三	星期四	星期五	星期六
			1	2	3	4
5	6	7	8	9	10	11
12	13	14	15	16	17 圣帕特里克节	18
19	20	21	22	23	24	25
26	27	28	29	30	31	

小猫真的特别小，重量还不及一块糖——就连被乔伊啃过一口的糖块都比不上。

糖果棒

刚出生的小猫大约只有90克重。

3月7日

小猫们已经出生满一天啦。但是妈妈告诉我们，必须等小猫出生一周后才能去看它们。难道她不知道一周7天有多么漫长吗？

等到那时，小猫就会睁开眼睛。也许我会是小猫看到的第一个人！

满1天!!

星期日	星期一	星期二	星期三	星期四	星期五	星期六
			1	2	3	4
5	6	7	8	9	10	11
12	13	14	15	16	17	18
19	20	21	22	23	24	25
26	27	28	29	30	31	

吸呀吸呀！每隔一小时左右，
小猫们就会找雪儿喝奶，让温热的奶水
填满小肚子。小猫们依靠嗅觉和胡须
判断哪里有奶吃。

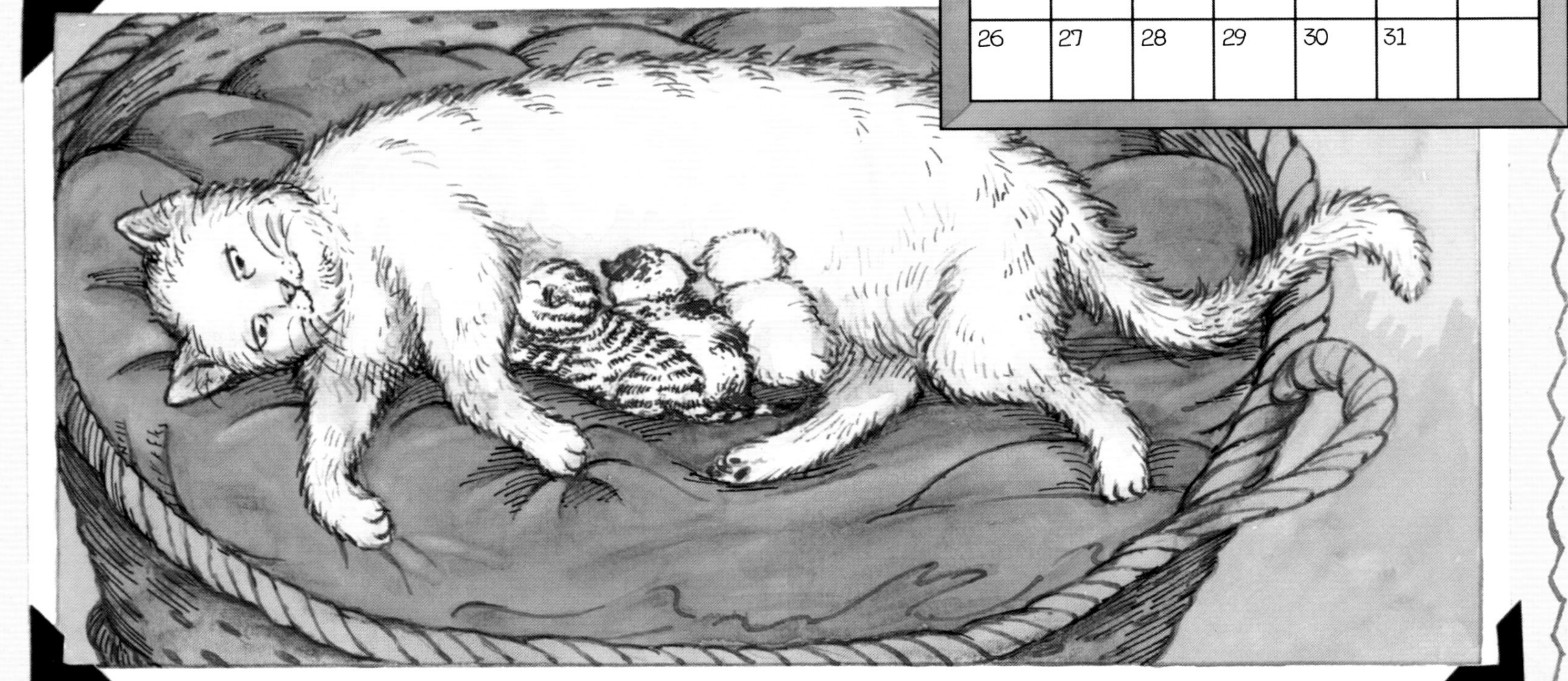

我们终于见到小猫啦！它们看起来是毛绒绒的一团，长着亮晶晶的粉鼻子。奶奶说小猫还不喜欢被人抱，但她允许我用指尖轻轻碰碰小猫。雪儿时时刻刻都紧盯着我。

等小猫一个月大的时候——也就是4个多星期以后，我们就可以挑选出要养的小猫了。

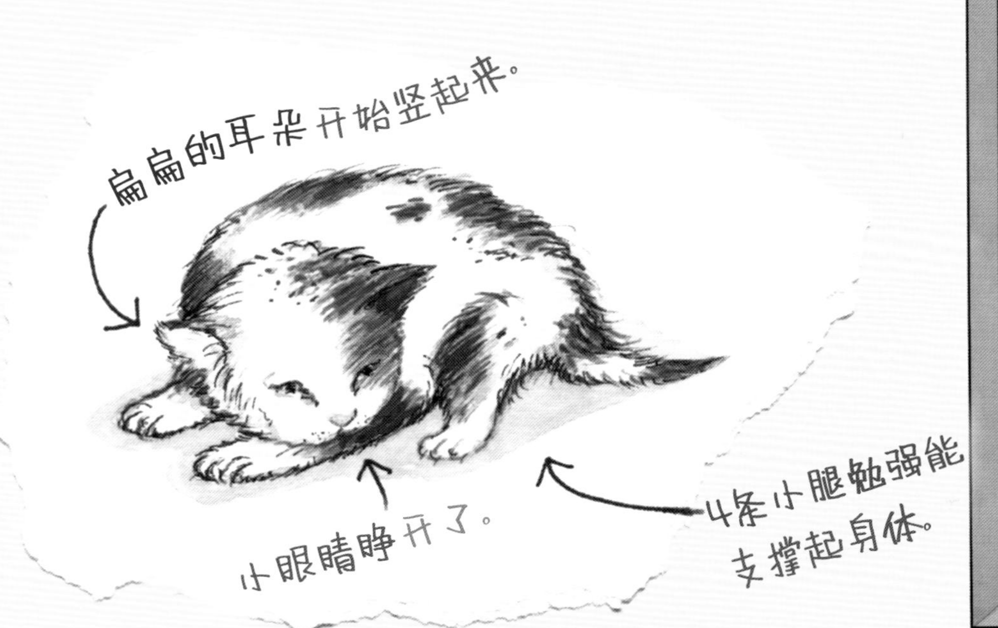

星期日	星期一	星期二	星期三	星期四	星期五	星期六
			1	2	3	4
5	6	7	8	9	10	11
12	13	14	15	16	17	18
19	20	21	22	23	24	25
26	27	28	29	30	31	

我是一个伟大的魔术师。
看好了……吧啦吧啦——变！
丑陋的大青蛙变成可爱的小猫咪！

4月6日

一个月内，小猫们长大了很多！现在，它们既能看见东西，也能听见声音，甚至还能摇摇晃晃地走几步。小猫们不是特别害羞，其中一只黑白相间的小猫最活泼、最亲近人。我和乔伊都认定它会成为我们的猫咪。

乔伊说小猫白毛上的小黑点看起来好像胡椒粒。小胡椒——多么可爱的名字呀！小猫的名字竟然是乔伊先想到的，真是太意外了。

现在，我们的小猫有了
一个最棒的名字——小胡椒。
4月的猫胆子大，易冲动，热衷于冒险。
4月
星期日 星期一 星期二 星期三 星期四 星期五 星期六
今天，小猫们满月了。
现在，小猫已经长大，可以尝试吃点固体食物了。
再过几周，它们就不再需要喝雪儿的奶了。
乔伊 画

5月6日

小胡椒已经两个月大，今天我们可以带它回家了。需要准备的东西太多啦！妈妈和我一起把纸箱剪开，在里面铺上柔软的毯子，做了一张舒适的猫床。我们还要买猫砂盆、猫抓柱、提篮、梳子、玩具、饭碗……一只小小的猫咪怎么需要这么多东西啊？

星期日	星期一	星期二	星期三	星期四	星期五	星期六
	1	2	3	4	5	6
7	8	9	10	11	12	13
14 母亲节快乐	15	16	17	18	19	20
21	22	23	24	25	26	27
28	29	30	31			

6月6日

今天小胡椒满3个月了，我们带它去做了体检。兽医把小胡椒从头到尾检查了一遍，给它注射了一针疫苗。她还教给我们各种帮助小胡椒健康成长的知识。

小胡椒的脚趾末端藏着尖尖的爪子。当它想安静地行走时，就会把尖爪折叠到指节骨的凹槽里；当它想抓挠攀爬时，就会露出尖爪。有时，小胡椒会在窗帘上磨爪子，我看到了就把它带到猫抓柱前，很快它就明白只能在猫抓柱抓挠。

7月20日

今天，我们的夏季野营开始了。

这次，我们带上了小胡椒。

我讲了鬼故事，把乔伊吓坏了。他拿着手电筒，光束照到小胡椒的眼睛时，小胡椒的眼睛发出幽幽的亮光。乔伊不知道，猫的眼睛里都有“镜子”，可以反射光线，帮助猫在黑暗中看得更清楚。乔伊真是只“胆小猫”。

小胡椒从来不会觉得眼睛发干，因为猫咪的眼睑很特殊，就像汽车上的雨刷器一样，能使泪水分散开来，防止眼球干燥。除了上眼睑和下眼睑，它还长着第三眼睑，为眼睛提供额外的保护。

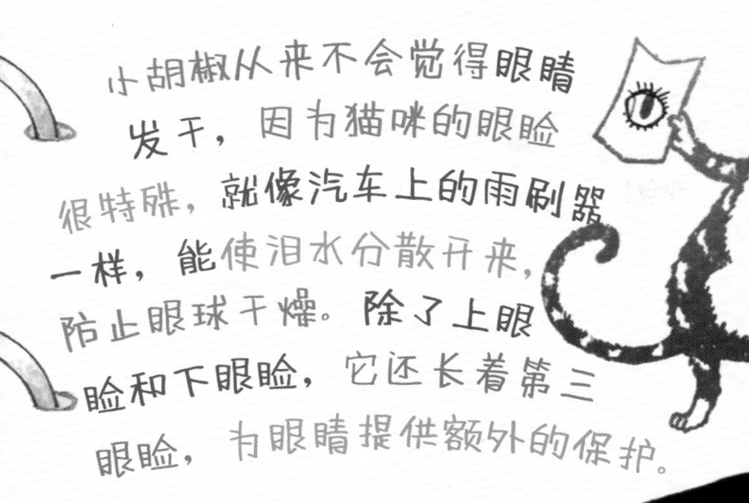

在完全黑暗的地方，猫咪是看不见东西的，但它们的眼睛能聚集环境中的光线，所以猫咪只需要很少的光线（大约是人眼需要光线量的$\frac{1}{6}$），就可以看清周围。

小胡椒依靠眼睛、耳朵、鼻子和爪子探索世界。不管看到什么，它都喜欢蹭一蹭。如果它蹭我的腿，就是在说：“你是我的。”

8月28日

每次我回到家，小胡椒总是第一个来欢迎，因为它的听力和嗅觉都比人类好。即使光线昏暗，它也能看得很清楚。你根本不可能偷偷靠近小胡椒！

小胡椒是一只聪明的小猫。捉迷藏时谁也赢不了它——除非我们拿出猫咪喜欢的小零食。

5个月

3周

加1天

我的耳朵只能微微地动一下，小胡椒的耳朵却可以朝着声音传来的方向转动。它不仅可以同时转动两只耳朵，还能单独转动其中一只。真希望我也有这样的本领。

8月

星期日	星期一	星期二	星期三	星期四	星期五	星期六
		1	2	3	4	5
6	7	8	9	10	11	12
13	14	15	16	17	18	19
20	21	22	23	24	25	26
27	28	29	30	31		

9月15日

今天我带着小胡椒去学校参加暑假分享会。大家都很喜欢小胡椒，下周他们上学时也要带上自己的宠物：小狗、鱼、鸟、兔子、老鼠，甚至还有蛇。幸好康纳老师和我们一样喜欢动物。

在学校，我总是这样握着铅笔。

小胡椒总喜欢这样玩玩具。

我们都是“右撇子”！

书上说，10只猫中，
大约有4只习惯用右爪，
4只习惯用左爪，
其余2只左右爪都常用。

9月

星期日	星期一	星期二	星期三	星期四	星期五	星期六
					1	2
3	4	5	6	7	8	9
10	11	12	13	14	15	16
17	18	19	20	21	22	23
24	25	26	27	28	29	30

万圣节到了，小胡椒帮我打造的万圣节派对造型简直“喵”极了。虽然没赢得比赛名次，但我已经拥有了最好的奖品。

小胡椒

快8个月大了。

小胡椒的猫咪南瓜灯。

小胡椒从来不需要用肥皂或水来清洁身体。
它的舌头上长满“小倒钩”，
可以刮下毛发上的污垢。
乔伊特别想学会小胡椒的这一秘诀！

10月的猫性情温和，

活泼可爱，乐于合作。

10月

星期日	星期一	星期二	星期三	星期四	星期五	星期六
1	2	3	4	5	6	7
8	9	10	11	12	13	14
15	16	17	18	19	20	21
22	23	24	25	26	27	28
29	30	31 万圣节快乐				

11月23日 感恩节

感恩节时，家里来了很多亲戚！在所有的亲戚里面，小胡椒最喜欢小表弟山姆。也许是因为他俩都是8个月大，也可能它只是喜欢玩山姆的毯子。

11月的猫情绪高涨而热烈，令人难以忽视。

11月

星期日	星期一	星期二	星期三	星期四	星期五	星期六
			1	2	3	4
5	6	7	8	9	10	11
12	13	14	15	16	17	18
19	20	21	22	23 感恩节	24	25
26	27	28	29	30		

12月9日

一整天，乔伊和我都在买节日礼物。我们正想着包装礼物要花不少时间时，小胡椒突然跑来“帮忙”。结果，我们真的忙了很长很长时间！

小胡椒太知道该如何应对节日的疯狂了，那就是——睡觉！

一天24小时中，猫咪大约有18个小时在睡觉。因此，等小胡椒长到4岁时，它用了生命中的3年来睡觉，不睡觉的时间只有1年。

12月的猫调皮贪玩，喜欢大胆探索。

12月

星期日	星期一	星期二	星期三	星期四	星期五	星期六
					1	2
3	4	5	6	7	8	9
10	11	12	13	14	15	16
17	18	19	20	21 光明节	22	23
24	25 圣诞节	26	27	28	29	30
31 元旦前夜						

1月1日　新年第一天

新年快乐！ 昨天晚上我们抱着小胡椒睡着了，醒来时已经是新的一年了。

我喜欢给小胡椒梳理毛发，这样对它也有好处，因为如此一来，小胡椒给自己清洁时就能少吞些毛发了。

呼噜噜噜噜噜噜！！！

小胡椒最喜欢的笑话

问：小猫和一分硬币有什么共同点？

答：两者（小猫cat和硬币cent）都是一边有头，一边有尾。哈哈！

问：什么猫住在海里？

答：章鱼，因为有些地方又叫它“海猫（seacat）”。

问：猫喜欢在医院的哪个部门工作？

答：急救箱（猫喜欢待在箱子里）。

1月的猫雄心勃勃，意志坚定，是攀爬高手。

1月

星期日	星期一	星期二	星期三	星期四	星期五	星期六
	1	2	3	4	5	6
7	8	9	10	11	12	13
14	15	16	17	18	19	20
21	22	23	24	25	26	27
28	29	30	31			

2月14日　情人节

今天是情人节，小胡椒的生日马上就要来到。它快1岁了。我真不敢相信，仅仅12个月的时间，这团小小的毛球竟然变成活泼可爱的小胡椒！

派对时间

距离小胡椒的生日派对还有2周零6天！

客人名单： 奶奶＋雪儿＋乔伊＋妈妈

礼物清单： 幼猫零食  ＋ ＋ 

美食清单： 小胡椒不能吃人吃的饼干，但是我觉得它看到了也会很喜欢……

2月的猫特立独行，聪明灵巧，喜欢结交特殊朋友。

2月

星期日	星期一	星期二	星期三	星期四	星期五	星期六
				1	2	3
4	5	6	7	8	9	10
11	12	13	14	15	16	17
18	19	20	21	22	23	24
25	26	27	28			

3月6日　小胡椒的生日

生日快乐，小胡椒！

星期日	星期一	星期二	星期三	星期四	星期五	星期六
				1	2	3
4	5	6	7	8	9	10
11	12	13	14	15	16	17
18	19	20	21	22	23	24
25	26	27	28	29	30	31

小胡椒的第一年

1月的猫
雄心勃勃，
意志坚定，
是攀爬高手。
1月

2月的猫
特立独行，
聪明灵巧，
喜欢结交
特殊朋友。
2月

3月的猫很温柔，
喜欢发呆，
对水非常着迷。
3月

4月的猫胆子大，
易冲动，
热衷于冒险。
4月

5月的猫
耐心十足，
感情丰富，
喜欢享受。
5月

6月的猫活泼，
好奇心强，
爱表现。
6月

7月的猫
喜怒无常，
非常敏感，
是个好猎手。
7月

8月的猫
慷慨大方，
古灵精怪，
是院子里的国王。
8月

9月的猫
简单质朴，
脚踏实地，
却又爱挑剔。
9月

10月的猫
性情温和，
活泼可爱，
乐于合作。
10月

11月的猫
情绪高涨
而热烈，
令人难以忽视。
11月

12月的猫
调皮贪玩，
喜欢大胆探索。
12月

1月的猫
雄心勃勃，
意志坚定，
是攀爬高手。
1月

2月的猫
特立独行，
聪明灵巧，
喜欢结交
特殊朋友。
2月

3月的猫很温柔，
喜欢发呆，
对水非常着迷。
3月

写给家长和孩子

《小胡椒大事记》所涉及的数学概念是认识日历。理解日、周、月、年之间的关系，在孩子的日常生活中具有重要意义。

对于《小胡椒大事记》所呈现的数学概念，如果你们想从中获得更多乐趣，有以下几条建议：

1. 和孩子一起读故事，并和孩子讨论每一幅图中的内容。

2. 在阅读过程中向孩子提问，比如："小胡椒现在多大了？""小胡椒的生日是哪一天？""一年有几个月？"

3. 读完故事后，做一个"家庭大事记"，列出每周、每月或每年家中发生的重要事件，帮孩子把这些事记录在日历上。

4. 和孩子一起玩日历猜谜游戏，让他从中领悟"时间是连续的"的道理。玩法如下：如果已知某月的第一个星期三是4号，你能否推断出该月的第三个星期三是几号？如果已知某个星期的星期一是11号，那么下个星期的星期五会是几号？1月31日的下一天是几月几号？如果今天是4月25日，那么两周后是几月几号？

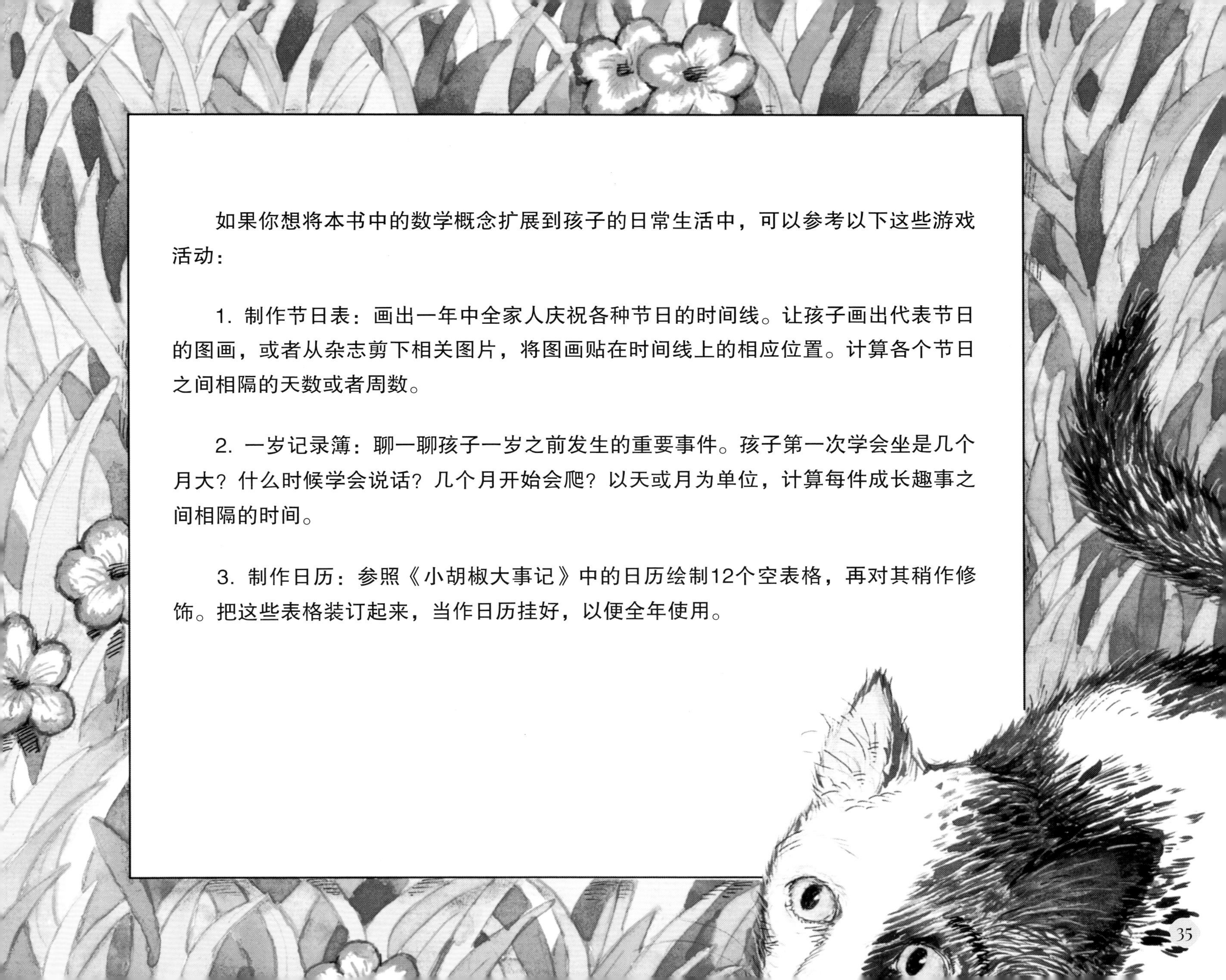

如果你想将本书中的数学概念扩展到孩子的日常生活中，可以参考以下这些游戏活动：

1. 制作节日表：画出一年中全家人庆祝各种节日的时间线。让孩子画出代表节日的图画，或者从杂志剪下相关图片，将图画贴在时间线上的相应位置。计算各个节日之间相隔的天数或者周数。

2. 一岁记录簿：聊一聊孩子一岁之前发生的重要事件。孩子第一次学会坐是几个月大？什么时候学会说话？几个月开始会爬？以天或月为单位，计算每件成长趣事之间相隔的时间。

3. 制作日历：参照《小胡椒大事记》中的日历绘制12个空表格，再对其稍作修饰。把这些表格装订起来，当作日历挂好，以便全年使用。

洛克数学启蒙

书名	主题
《虫虫大游行》	比较
《超人麦迪》	比较轻重
《一双袜子》	配对
《马戏团里的形状》	认识形状
《虫虫爱跳舞》	方位
《宇宙无敌舰长》	立体图形
《手套不见了》	奇数和偶数
《跳跃的蜥蜴》	按群计数
《车上的动物们》	加法
《怪兽音乐椅》	减法

书名	主题
《小小消防员》	分类
《1、2、3，茄子》	数字排序
《酷炫100天》	认识1~100
《嘀嘀，小汽车来了》	认识规律
《最棒的假期》	收集数据
《时间到了》	认识时间
《大了还是小了》	数字比较
《会数数的奥马利》	计数
《全部加一倍》	倍数
《狂欢购物节》	巧算加法

书名	主题
《人人都有蓝莓派》	加法进位
《鲨鱼游泳训练营》	两位数减法
《跳跳猴的游行》	按群计数
《袋鼠专属任务》	乘法算式
《给我分一半》	认识对半平分
《开心嘉年华》	除法
《地球日，万岁》	位值
《起床出发了》	认识时间线
《打喷嚏的马》	预测
《谁猜得对》	估算

书名	主题
《我的比较好》	面积
《小胡椒大事记》	认识日历
《柠檬汁特卖》	条形统计图
《圣代冰激凌》	排列组合
《波莉的笔友》	公制单位
《自行车环行赛》	周长
《也许是开心果》	概率
《比零还少》	负数
《灰熊日报》	百分比
《比赛时间到》	时间